动物园里的朋友们
（第三辑）

我是考拉

［俄］伊·卢基扬诺娃 / 文

［俄］瓦·多尔戈夫 / 图

刘昱 / 译

江西美术出版社
全国百佳出版单位

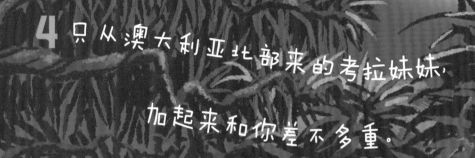

4只从澳大利亚北部来的考拉妹妹，

加起来和你差不多重。

我是谁？

不嘛，不嘛，我不想起床，我睡得正香呢。

你打开了这本书，把我吵醒啦。我是考拉妹妹，我想睡觉。

我可不是毛绒绒的小熊。虽然熊也喜欢睡觉，但我们和熊一点儿关系也没有，千万别说我们是熊。我们是有袋动物，和袋熊是亲戚。

我们的祖先和熊很像，体形庞大，重达半吨。想想看，拖着这么重的身子怎么爬上桉树呀？

我们在桉树上生活。桉树十分高大，树叶还可以治疗咳嗽。我们白天睡觉，晚上吃东西，吃饱了接着睡觉，睡醒以后，又开始吃东西。

因此，大家都很羡慕我们。尤其是那些要早起去上学的小朋友。人人都想当考拉，只不过谁也不好意思说。

我们吃得好，睡得香，还可以和小伙伴互相抱抱，这些都是生活中最重要的事。

啊——哈——我累啦。你继续往下读吧，我去睡一会儿。

考拉弟弟比考拉妹妹重一些。

我们的居住地

我们住在澳大利亚。北方很暖和，因此那里的考拉是浅灰色的，体形比较小，毛不是很多。南方很冷，所以那里的考拉是深褐色的，体形很大，有着厚厚的皮毛。可是怎么会北方热，南方冷呢？小伙伴们，这可是澳大利亚啊！澳大利亚在南半球，和你们正相反。比如，当你们北半球居民过夏天的时候，南半球的人们正在过冬呢。

长寿的考拉奶奶已经18岁了！

以前，我们有几百万个兄弟姐妹，但是人们不断地砍伐桉树，还捕捉我们做皮大衣，结果我们的数量越来越少。现在我们受到法律的保护，猎捕考拉的人可是会被丢到监狱里的。目前，我们有几万个小伙伴，但是地球上的桉树却不够所有考拉生活，而且我们不喜欢大家都挤在一起。

我和小伙伴们在森林里有自己的领地。有时候我们就在领地交界处聊会儿天。但我们很少散步，也很少滔滔不绝地讲话，因为那实在是太累了，啊——哈——

每只考拉都拥有属于自己的领地。

我们长什么样?

　　我们长得可漂亮了,而且是最温顺的野生动物。我们的皮毛柔软温暖,散发着止咳糖浆的味道——这都是因为我们吃了太多桉树叶。皮毛能为我们遮风挡雨,抵御严寒,阻挡日光。

　　我们每个手掌上有5根手指,指纹和你们人类的很像。联邦调查局的专家用电子显微镜都没办法分清咱们之间的指纹有什么区别。

　　这样一来,我们就可以放心大胆地去抢银行了——大家肯定只会怀疑到你们人类头上。但是我们不需要钱,我们只需要桉树叶。

　　不过我们手掌的构造和你们不同。你们有4根长手指,1根大拇指。我们有3根长手指,2根大拇指,这样就可以把树枝抓得更牢。我们还有坚硬的爪子,十分锋利——没有爪子就没办法爬树了。我们脚掌上的大脚趾没有爪子,而食趾和中趾在一起,看起来就像一根脚趾头上面长了两个爪子,这样梳理毛发的时候格外好用。

　　我们还有一个秘密,那就是尾巴。没有人能看见,但是我们真的有尾巴!没骗你!真的有!

　　唔……吃饭的时间到了。

健康的考拉和你一样，
体温是 36.6℃。

7

我们的感官

　　我们毛茸茸的大耳朵从很远的地方就可以听见其他考拉的叫声。因为我们彼此间住得太远了，而且还不能打电话，所以必须要大声喊叫。

　　我们的大鼻子可以分辨气味。比如，闻闻这片树叶是可以吃的还是有毒的，因为有毒的树叶有特殊的气味，我们可以闻得出来。我们刚生下来的时候什么也看不见，但是嗅觉十分灵敏——可以循着奶味爬到妈妈的育儿袋里。

　　我们还可以闻出其他考拉在树上给我们留下了什么记号，这是我们彼此间的信件，只不过你的信是读的，而我们是闻的。

　　至于我们惺忪的睡眼——眼睛就是眼睛，没什么特殊的，不知道为什么，眼睛又闭上了——就像你们早上刚起床时似的，暖暖的、懒懒的，还想睡个回笼觉。

考拉弟弟的鼻子比考拉妹妹的鼻子更弯。

考拉可以闻出
正在逼近的敌人。

从 **800** 米外人类就可以
听见考拉的叫声。

我们怎样交谈？

我们睡觉的时候不说话，吃东西的时候也不说话，因此我们几乎一直都不说话，毕竟咀嚼食物比说话轻松。

在我们不得不说话的时候，1000 米外我们就可以互相听见彼此的声音。我们咆哮时的声音比老虎还大，即使是低沉的"哼哼"声也十分令人害怕。导演史蒂文·斯皮尔伯格专门找我们考拉给电影《侏罗纪公园》里的恐龙配音，因为我们的吼叫声真的太可怕了。

"啊啊啊啊啊！"怎么样，害怕了吗？

我们的喉咙里有特殊的声带，让我们能发出吓人的咆哮声，但是我们从不对自己的孩子吼叫。和孩子在一起时，我们有时轻哼，用舌头发出声响，有时轻轻尖叫几声。有时我们也会批评孩子——怎么可能不批评孩子呢？

如果被吓到或受伤了，我们会像人类的婴儿一样放声大哭。

如果遇到危险，我们会大声尖叫。你们人类或许也是这样。

我们的食物

　　我只吃桉树叶。桉树叶很硬而且有毒，除了我们，几乎没有其他的小动物喜欢吃。这些桉树叶中的毒素会让奶牛感到不舒服，但我却没事。

　　我的肚子里有特殊的细菌来分解毒素，消化硬树叶。我只吃嫩桉树叶，因为嫩桉树叶的毒性比较低，一天可以吃 0.5 千克以上。尽管如此，消化食物仍是一个十分漫长和艰苦的过程，会耗尽我全身力气，就没法出去跑跑跳跳或者和朋友聊天了。

　　我平时不怎么喝水，一般树叶中的水分就足够了。但在干旱的时候树叶没有水分，那时我们就会非常想喝水了。

　　要是身体里缺少某种矿物质的话，我还会吃土呢。

　　好啦，说了这么多吃的，现在我又想吃东西了。

澳大利亚生长着大约 **700** 种桉树，
但考拉只吃其中 **30** 多种桉树的树叶。

榕树叶

我们的秘密

你们是不是非常嫉妒我呀？我毛茸茸的，每天吃了睡，睡了吃。人们都很爱我，想要抱抱我，并且不会要求我做任何事。

但是我有一个惊人的秘密。

我的祖先脑袋很大，十分聪明。他们生活在热带雨林里，那里树木种类繁多，树叶鲜嫩多汁。但随着气候变化，留给我们的只有桉树林。到底是生存还是毁灭？

因此，我们不得不用尽全身力气去咀嚼和消化桉树叶，然后躺着休息。觅食、吃饭、消化并不需要发达的大脑，因此我们的大脑越来越小，只有核桃那么大，仅仅占头骨的一半左右，剩下的都是脑脊液。

我的大脑只有17克左右。不要像训练小狗那样训练我，让我算2加2等于几。我长得这么可爱，生活得这么幸福，还是让大象去计算吧，他们有个大脑袋。

想要像我一样幸福吗？那么吃饱了就睡觉吧！

只有当考拉发现有人观察它时，它才会挪到另一棵树上。

考拉每天比猫咪多睡个小时。

我们睡觉的地方

世界上最幸福的事情就是睡觉，最舒服的地方就是桉树的树杈。我可以抓住树杈，挂在树杈上，或者背靠树杈……

还有更好的办法，藏在阴凉处，缩成一团——这样可以在炎热的环境下保持凉爽。我们在树木卧室里睡觉，在树木食堂里吃饭。

我每天要睡18甚至20个小时。晚上比白天凉爽一些，我们醒了。我们醒来的过程很慢：不想起床，呆坐着，垂着手，慢慢睁开眼，然后又闭上了……愣愣地看着一个地方……还是愣愣地看着一个地方……

你是不是也这样起床？你也是一只考拉！

然后我慢慢地觅食、吃饭。要吃3个小时，有时甚至吃4个小时。这可是最重要的事。如果我还有时间，就坐下来思考。没错，就是思考。你以为大脑只有17克就不能思考了吗？

食堂

卧室

考拉像马一样
每小时能跑 20 千米。

我们会什么?

　　当人类电工们爬电线杆时,他们会穿上人造爪子——"抓钩"。而我有自己的爪子,爬树对我来说,可是小菜一碟。我用爪子打架也很厉害,但我咬人更疼:我的门牙非常锋利。人们都害怕我的爪子和牙齿。要想抓住我,就要把我裹在被子里,这样就不会被咬着了。

　　我可以用四肢走路和奔跑,尤其是有狗追我的时候。但是我不能靠两只后腿站立,需要有人来抱着我,让我能直起身来。

　　我是游泳健将,可以一直游到小溪对面。有时天气很热,我会去别人家的游泳池里喝点儿水,但要是掉进去了,再想爬出来可就困难了。如果人们在泳池里放些东西,帮助我爬出来,那真是再好不过了。如果没放,我怎么办呢?

　　因此,我最好还是睡觉吧。游泳有风险。

我们的考拉宝宝

在澳大利亚，到了春天，11月，我的爸爸妈妈准备生个小宝宝。于是，我就在12月出生了。

我没有小时候的照片，那可太棒了——刚出生的考拉妹妹没有耳朵，什么也看不见，身上光溜溜的、红红的，像条蠕虫；体重只有0.5克左右，身长大约只有1.5厘米——只有一粒花生米那么大；但是有爪子——考拉妹妹可以用爪子钩住妈妈的毛，往妈妈的育儿袋里爬。

育儿袋里藏着妈妈的乳头，可以喝奶。

我们会在妈妈的袋子里生活半年。在袋子里我们的眼睛渐渐张开，耳朵渐渐长长，毛发渐渐浓密——先别吃东西，否则食欲会下降的——我们从妈妈的袋子里爬出来，吃妈妈的粪便，里面有已经消化过的桉树叶，我们从中可以获得有益的细菌，没有这些细菌，我们就没法消化桉树叶。

6个月大时，我们用爪子抱着妈妈，骑在妈妈背上，开始学习爬树和吃树叶。

只有考拉妈妈照顾小考拉。

通常考拉一胎只生　个宝宝。

我们的天敌

在澳大利亚的大自然里，我们的天敌主要是澳洲野狗、蟒蛇和鳄鱼，还有老鹰和猫头鹰。我们还害怕欧洲人带到澳大利亚的狐狸和狗。

我们最害怕的就是森林火灾。但对于考拉来说，最危险的敌人其实是人类。人们砍桉树来造房子，我们却因此失去了家园。

现在，当我们找食物和水时，经常会卡在篱笆里，缠在带刺的铁丝上，甚至会被车撞。

当人类意识到他们的行为对我们造成危害时，便开始帮助我们。

现在，人们为我们建立了禁猎区，种植桉树，保护我们，还为我们治病。

我们和这些人成了好朋友，我们会和他们拥抱。没有人把考拉当成敌人。

你要和我做朋友吗？

你知道吗?

现在你和全世界都知道啦,
考拉不是熊。

为什么好多人还把考拉称作熊呢?因为考拉的拉丁语学名翻译过来叫作"带口袋的熊"!不仅是熊,还带着口袋!考拉没有口袋,那是育儿袋。

澳大利亚原住民
把考拉叫作"克瓦勒",
意思是"不喝水"。

澳大利亚当地人每天都能看见很多考拉,但还是没办法理解为什么它们不喝水。事实上,考拉是喝水的,只不过喝水少,人们没有注意到。他们相信这样一个传说:
很久以前,一个小男孩变成了考拉。原因是这个小男孩有一个恶毒的继母——像很多童话故事里那样。只不过这个继母更恶毒:她不让小男孩喝水。

小男孩太想喝水了……
有一次大人们都出门了,
把小男孩一个人留在家里。

小男孩忍不住了,把家里所有的水都喝光了。然而,那是一个十分干旱的地方,水资源十分珍贵,必须节约用水!小男孩非常害怕继母惩罚他。于是他爬到树上躲了起来。恶毒的继母非常生气,她命令小男孩从树上下来,把水还回来……

最终,小男孩变成了考拉,
他决定永远也不喝水了。

当然这只是一个童话。事实上，1500万年前考拉就已经生活在澳大利亚了，比第一批到这里的人类还早了许多年。虽说他们都是狩猎者，但从不伤害考拉。虽然考拉看起来最容易捕获：它们坐在树枝上，一点儿也不害怕，甚至也不逃跑。用手就可以抓住它们。

但是考拉不能吃！

它们的肉充满了桉树叶的味道，

一点儿也不好吃，而且还有毒！

大约 **400** 年前，

第一批欧洲人发现了澳大利亚。

一开始，他们并没有发现考拉。

著名的船长詹姆斯·库克先生环游世界，发现了很多新陆地。我们当然要感谢他。但这么聪明的船长抵达澳大利亚时，居然没有发现一只考拉！船长在澳大利亚东岸登陆，那里的考拉特别多。几乎每一棵桉树上都有一只考拉，但船长居然没发现！

欧洲人在 **1798** 年

才第一次听说考拉。

过了5年，也就是1803年，澳大利亚的报纸终于刊登了第一篇关于考拉的文章，甚至还配上了考拉的图片。但这篇文章并没有讲述关于考拉的细节。那个时候，人们还没有发现这个动物的有趣之处。算了！现在我们比他们知道得多多了！

考拉这么可爱，
人们想多多了解它！

考拉可不是思想的巨人。那又怎样？虽然考拉大脑很小，但它们会借助人造藤蔓过马路。这些人造藤蔓从哪儿来？原来是澳大利亚人专门悬挂了人造藤蔓来帮助考拉过马路。因为考拉一旦看见马路对面有鲜美的桉树，就会急匆匆地跑过去，而忘了看马路上是否有车。

这样过马路非常危险。很容易被车撞！

因此，关心考拉的人们想出了制作人造藤蔓的办法。聪明的考拉立刻知道了该如何使用藤蔓。如果有人跟你说，考拉很笨，你可千万不要相信！如果考拉很笨的话，它们怎么能分辨出人类呢？不仅仅是分辨，考拉对人还十分依赖，如果很长时间没有客人去看它们，考拉会很忧伤。

寂寞的考拉甚至会放声大哭！

人类可以和考拉做朋友。但是澳大利亚的法律禁止在家里养考拉！当然，也有特殊情况，比如，考拉生病了，不能在大自然里生活。这时，考拉就可以和人一起住。但考拉的主人必须要获得许可证。

如果没有专门的法律，
也许我们可以养只考拉……

但我们给考拉吃什么呢？你家旁边有桉树吗？没有？我家旁边也没有……就算种了桉树，也没什么用。因为考拉并不是吃所有种类的桉树叶。它们只吃出生以来习惯吃的桉树叶，其他的树叶一概不吃！

因此，即使在澳大利亚，

当考拉搬到一个新地方时，

人们也会从考拉的故乡给考拉带来桉树叶。

有时，考拉突然想尝尝鲜，吃一些槐树叶和茶树叶。但这不过是调皮罢了。严格来说，考拉只吃桉树叶。因此，我们不能养考拉。真遗憾！但没关系，毕竟我们想和考拉玩都比较困难。因为考拉一直在吃或者睡……但是圈养的宠物不会逃跑。

就算跑，也跑不远。

不久前，美国圣迭戈动物园一只两岁的考拉——蒙杜从自己的笼子里逃走了。也许，它决定去旅行。但很快它就累了，爬上笼子旁的桉树，睡熟了！动物园的管理员很快就发现了它，把它从树上抱下来，送回了家。蒙杜甚至醒都没醒。

虽然我们不能在家里养考拉，

但我们可以领养。

非常简单。澳大利亚有专门的"考拉救助基金会"，谁都可以给他们捐钱，选择领养考拉，养在专门的考拉公园里，也就是考拉保护区。会有一张专门的纸上写着"考拉A属于人类B"，这样这个小动物就成了你的养子或养女啦。

但这并不意味着你可以

把自己的考拉带回家。

但是如果"领养人"来到保护区，会有人向他介绍他领养的考拉。考拉见到这个新面孔一定非常高兴！

因为考拉是一种好奇心特别旺盛的小动物！

好奇心促使它们经常进入人类的家中，只是为了看看人类是怎么生活的。在商店、办公室，甚至在学校和幼儿园都可能看见它们。想象一下幼儿园的午休时间。太无聊了！小朋友不想睡觉……这时，考拉从窗户爬了进来，在床和床之间散步！真是愉快的一天啊！

真遗憾，这种情况只能在澳大利亚发生。

你已经知道考拉可以游泳了。虽然只会狗刨，但它们确实会游泳！一只特别好奇的考拉不知何故跳入水中并追着载满游客的船，追上后爬上船，坐在椅子上，高兴地东张西望，然后游船停泊在岸边，让考拉在想去的地方下船。

考拉不仅聪明，
还非常勇敢！

但这种勇敢有时会让它们受伤。有时它们会掉进游泳池，这很危险！因此，澳大利亚人正试图给游泳池加个盖子，或者在绳子上留下一些浮起来的物体。但不是普通的救生圈！毕竟，考拉的爪子非常锋利，你平时用的普通救生圈或充气垫很容易被扎破。这样一来，考拉就很难离开游泳池了。

啊，关于考拉怎么讲也讲不完！

考拉们还有令人惊讶的呢！它们有一个不同寻常的育儿袋。袋子的"入口"不像袋鼠那样在上面。相反，"入口"更接近袋子的底部！这样，当考拉妈妈在树上爬行时，待在袋子里的孩子不容易受伤，而且垃圾肯定也不会掉进袋子里。

考拉从树上下来时是后退着下的，
也就是屁股朝下，
脑袋朝上。

考拉是非常友好的动物。它们更喜欢独自生活，但也喜欢好朋友的陪伴。每只考拉妹妹都有自己的领地，但这些领地都挨着！也就是说，一片不大的森林里会有好几只考拉一起居住。但事实上，它们并不经常见面。

见了面，聊一聊，
然后各回各家。
确切地说，回到自己的桉树林。

顺便说一句，考拉妹妹1岁的时候会离开家，给自己找一块领地，在那里快乐地生活。考拉弟弟和妈妈住在一起的时间更长，甚至3岁时还和妈妈住在一起。你知道为什么吗？

没错，因为考拉弟弟通常没有自己的领地！它们住在妈妈家。它们完全成年后，才去寻找自己的领地。它们会在想要住的地方来回徘徊，有时还会和其他的雄考拉打架……男孩们总爱打架！它们无法共享桉树！

但是桉树不够考拉们居住。
人类啊，不要砍桉树了！
给考拉留着吧！

食堂

卧室

我累啦，去睡觉啦。
你们也躺下来，想象自己
是一只考拉吧。

再见啦！
做个好梦！

动物园里的朋友们

本套书共三辑，每辑 10 册，共 30 册。明星作者以第一人称讲故事的形式，展现每个动物最与众不同、最神奇可爱的一面，介绍了每种动物的种类、生活环境、形态特征、生活习性等各方面。让孩子们足不出户也能了解新奇有趣的动物知识。

第一辑（共 10 册）

 我是企鹅
 我是狐狸
 我是刺猬
 我是老虎
 我是蝙蝠
 我是山羊

 我是松鼠
 我是狮子
 我是北极熊
 我是大熊猫

第二辑（共 10 册）

 我是海豚
 我是河马
 我是猫
 我是蛇
 我是长颈鹿
 我是驼鹿

 我是蚊子
 我是蝴蝶
 我是浣熊
 我是麝鼹

第三辑（共 10 册）

 我是小熊猫
 我是大象
 我是长尾猴
 我是斗牛犬
 我是考拉
 我是树懒

 我是袋熊
 我是蚂蚁
 我是老鼠
 我是奥鼬

图书在版编目（CIP）数据

动物园里的朋友们. 第三辑. 我是考拉 ／（俄罗斯）
伊·卢基扬诺娃文 ； 刘昱译. -- 南昌 ： 江西美术出版
社， 2020.11
ISBN 978-7-5480-7515-8

Ⅰ. ①动… Ⅱ. ①伊… ②刘… Ⅲ. ①动物—儿童读
物②有袋目—儿童读物 Ⅳ. ① Q95-49

中国版本图书馆 CIP 数据核字 (2020) 第 067722 号

版权合同登记号 14-2020-0156

出 品 人：周建森
企　　划：北京江美长风文化传播有限公司
策　　划：巴拉拉
责任编辑：楚天顺 朱鲁巍
特约编辑：石　颖 吴　迪 王　毅
美术编辑：童　磊 周伶俐
责任印制：谭　勋

动物园里的朋友们（第三辑）　我是考拉
DONGWUYUAN LI DE PENGYOUMEN (DI SAN JI)　WO SHI KAOLA

［俄］伊·卢基扬诺娃 / 文　　［俄］瓦·多尔戈夫 / 图　　刘昱 / 译

出　　版：江西美术出版社　　　　　　　　印　　刷：北京宝丰印刷有限公司
地　　址：江西省南昌市子安路 66 号　　　　版　　次：2020 年 11 月第 1 版
网　　址：www.jxfinearts.com　　　　　　　印　　次：2020 年 11 月第 1 次印刷
电子信箱：jxms163@163.com　　　　　　　开　　本：889mm×1194mm 1/16
电　　话：0791-86566274 010-82093785　　总 印 张：20
发　　行：010-64926438　　　　　　　　　ISBN 978-7-5480-7515-8
邮　　编：330025　　　　　　　　　　　　定　　价：168.00 元（全 10 册）
经　　销：全国新华书店